谁的牙？

一本好玩的
牙齿科学书！

(美)萨拉·莱文/文

(美)T.S.斯普凯图斯/图

滑胜亮/译

CHISO SINCE 1956 新疆青少年出版社

献给贝拉和索菲。
——萨拉·莱文

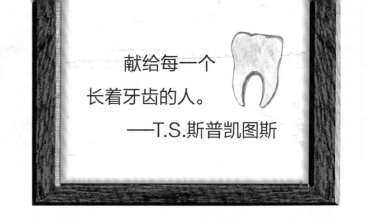

献给每一个
长着牙齿的人。
——T.S.斯普凯图斯

图书在版编目(CIP)数据

谁的牙 /（美）萨拉·莱文著；（美）T.S.斯普凯图斯绘；滑胜亮译 .—乌鲁木齐：新疆青少年出版社,2017.8（2019.12 重印）

ISBN 978-7-5590-2172-4

Ⅰ.①谁… Ⅱ.①萨… ②T… ③滑… Ⅲ.①动物－青少年读物 Ⅳ.① Q95-49

中国版本图书馆 CIP 数据核字 (2017) 第 195634 号

图字：29-2016-27 号

Text Copyright©2016 by Sara Levine;

Illustrations Copyright©2016 by T. S. Spookytooth

Published by arrangement with Carolrhoda Books, a division of Lerner Publishing Group, Inc., 241 First Avenue North, Minneapolis, Minnesota 55401, U.S.A.

All rights reserved.

谁的牙？

（美）萨拉·莱文 / 文　（美）T.S.斯普凯图斯 / 图
滑胜亮 / 译

出版人	徐 江	策 划	许国萍 习鸿婷
责任编辑	朱玉芬	美术编辑	赵曼竹

法律顾问　王冠华　18699089007

出版发行　新疆青少年出版社

社 址	乌鲁木齐市北京北路29号	网 址	http://www.qingshao.net
印 刷	北京博海升彩色印刷有限公司	经 销	全国新华书店
开 本	1/12	印 张	3⅓
版 次	2017年8月第1版	印 次	2019年12月第2次印刷
字 数	3千字	印 数	6 001—9 000册
标准书号	ISBN 978-7-5590-2172-4	定 价	42.00元

制售盗版必究　举报查实奖励: 0991-7833932　版权保护办公室举报电话: 0991-7833927
服务热线: 010-84853493 84851485　　　如有印刷装订质量问题　印刷厂负责调换

张大嘴巴!
来认识一下你所有的牙齿吧!

你知道吗?你的牙齿很独特哦!那是因为我们是哺乳动物。虽然好多动物都有牙齿,但是只有我们哺乳动物的牙齿形状各异、大小不一。

我们哺乳动物有三种牙齿,请你张大嘴巴,照照镜子,看看能不能把它们都找出来?

看见前面那些平平的牙齿了吗?

它们就是门牙（或切牙）。如果你最近没有掉牙的话，应该是上面有4颗，下面有4颗。

牙齿的结构

牙冠
牙根

牙釉质
牙本质
牙髓
牙龈
牙骨质
血管
神经

你长着几颗门牙呢?

挨着门牙的是尖锐锋利的虎牙（或尖牙）。如果你最近没有换牙的话，应该是长着4颗虎牙。

现在，嘴巴张到最大，看到最后面的牙齿了吗？它们是磨牙。人们一般有好多颗磨牙，随着年龄的增长，最多能长20颗。如果你超过了3岁，至少会长8颗磨牙。

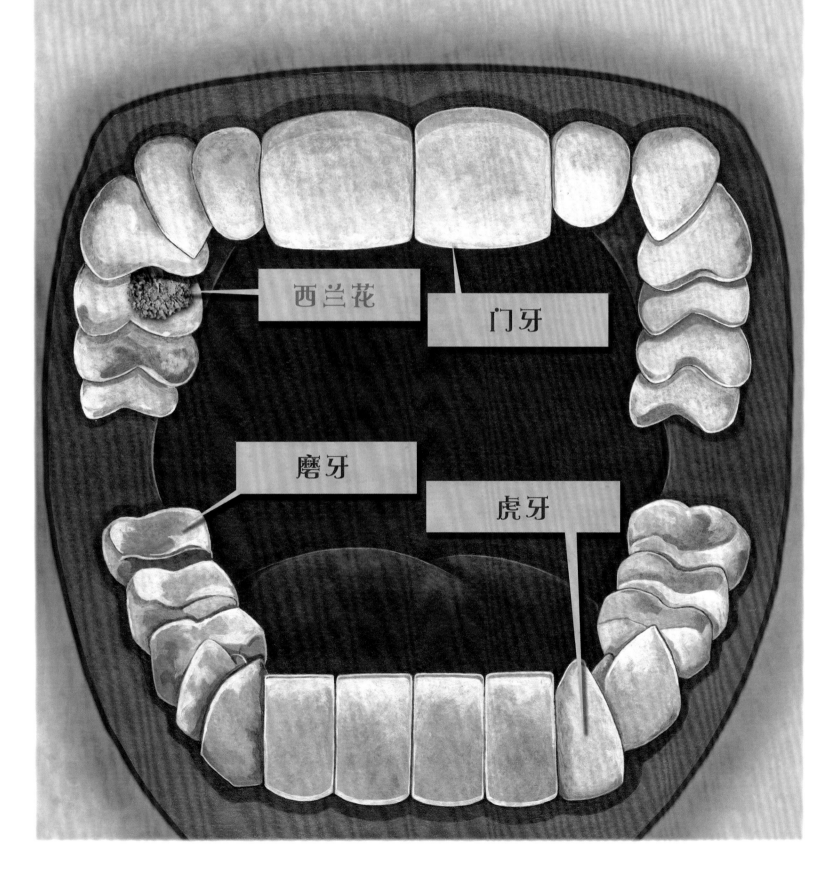

西兰花

门牙

磨牙

虎牙

其他哺乳动物也有门牙、虎牙和磨牙。看看它们哪种牙齿最长，你就能猜出来它们吃什么食物。

想象一下，假如门牙比其他牙齿长得长……

假如门牙很长很长，即使闭上嘴巴，它们也会露出来，那么会是哪种哺乳动物的牙齿呢？

噢，原来是——
海狸、松鼠、兔子！*

有长门牙的哺乳动物是食草动物，也就是说它们只吃植物。因为它们长长的门牙便于啃咬坚果和树皮。

*还有老鼠、沙鼠、仓鼠、麝鼠、土拨鼠和野兔。

仓鼠的头骨

假如虎牙长得很长，会是哪种哺乳动物的牙齿呢？

噢，原来是——

海豹、猫、狗、熊！*

狗的头骨

长着长虎牙的动物喜欢吃肉。因为它们拥有刀子般尖利的虎牙，善于撕咬猎物，并把它们吃掉。

*还有雪貂、浣熊、狼、狐狸、狮子和老虎。

许多有长虎牙的动物都爱吃肉，所以它们属于食肉动物。其中有些食肉动物除了吃肉，还吃植物，它们又被称为杂食动物，例如大熊猫、刺猬……

假如磨牙特别的长，
会是哪种哺乳动物的牙齿呢？

噢，原来是——
马、牛、长颈鹿！*

它们长长的磨牙非常适合嚼碎青草和其他植物的叶子。

*还有绵羊、山羊、美洲驼、羚羊、鹿和斑马等。

牛的头骨

它们和长着长门牙的哺乳动物一样，也是食草动物。所以，如果某种哺乳动物主要吃植物，那么它们不是长着长长的门牙，就是有长长的磨牙。

不过，并不是所有的食草动物都吃一种植物，因而它们的磨牙也不完全相同。

假如门牙、虎牙和磨牙都差不多长，那么又会是哪种哺乳动物的牙齿呢？

当然是你自己！人类！

我们人类是杂食动物，既吃荤肉也吃素菜，所以需要不同作用的牙齿。

故事讲到这里还没结束哦。据说有些哺乳动物的牙齿居然不是用来咀嚼食物的？这也太奇怪了！那它们是干什么用的呢？让我们来看看吧。

假如两颗上门牙不仅伸出了嘴巴，还向上翘得高高的，那么，这会是哪种哺乳动物的牙齿呢？

要是这两颗长长的门牙还能帮你挑着书包上学去，又会是哪种哺乳动物的牙齿呢？

噢，原来是——大象！

这种超级大的门牙有个专门的名字——长牙。那大象吃什么食物呢？你可能已经根据它的长牙猜到啦，大象吃植物。

但实际上，大象用长牙吃东西很不方便，长牙更适合用来划破树皮，或者挖出树根来找吃的。

假如上虎牙不停地向下长，都快要挨着脚啦，那么，这会是哪种哺乳动物的牙齿呢？

噢，原来是——海象！

海象和其他长着大虎牙的动物一样，主要是吃肉。但是，海象的大虎牙不是用来撕咬猎物的，而是在海洋冰层上凿开冰洞的工具。它从冰洞潜入水下，可以找到最爱吃的牡蛎和蛤蜊。在水中美餐一顿之后，它再用大长牙把自己拉回冰面上，舒舒服服地打个盹儿。

假如上下两对虎牙都长得伸出了嘴巴，并向上卷曲着，也就是说成了两对獠牙，那么，这会是哪种哺乳动物的牙齿呢？

噢，原来是——疣猪！

　　每当疣猪的嘴巴一开一合，它的上下两对獠牙就会相互摩擦，直到下獠牙被磨得像把锋利的刺刀。这就好像是疣猪嘴里自带磨刀机。

　　当它遇到狮子、猎豹等天敌时，就用奇特的獠牙来戳刺敌人，保护自己。

假如有一颗上虎牙长得穿过了上嘴唇，不停地向上长，直到比你整个身子还要长，那么，这会是哪种哺乳动物的牙齿呢？

噢，原来是——公独角鲸！*

独角鲸的这颗长牙有什么用处，现在还是个谜，科学家们正在努力破解。不过，目前他们证实了独角鲸长牙的表面非常敏感，独角鲸可以靠它获取周围的信息，这跟人类用眼睛看、耳朵听、鼻子闻一样。

*有些母独角鲸也有长牙，但是它们的长牙比较短。

噢，原来是——食蚁兽、穿山甲！

它们嗜吃虫子——主要是蚂蚁和白蚁。它们吃东西时用不着牙齿，因为它们的舌头黏糊糊的，可以粘住猎物，再把猎物整个儿吞下去。肚子里的小石子和沙子能帮助它们消化食物。那这些小石子和沙子是怎样进入它们肚子里的呢？当然是一起被卷进去的！

如果有的动物不是哺乳动物，
它们的牙齿长什么样呢？

来看看鱼类、两栖类和爬行类动物吧！其实它们也都长着牙齿，但是它们的牙齿几乎一模一样，甚至连专门的名字都没有。没有门牙、虎牙、磨牙，当然也没有獠牙、长牙这些专业名称了。*

*毒蛇是个例外。它们长着又长又尖的毒牙，可以毒倒猎物。

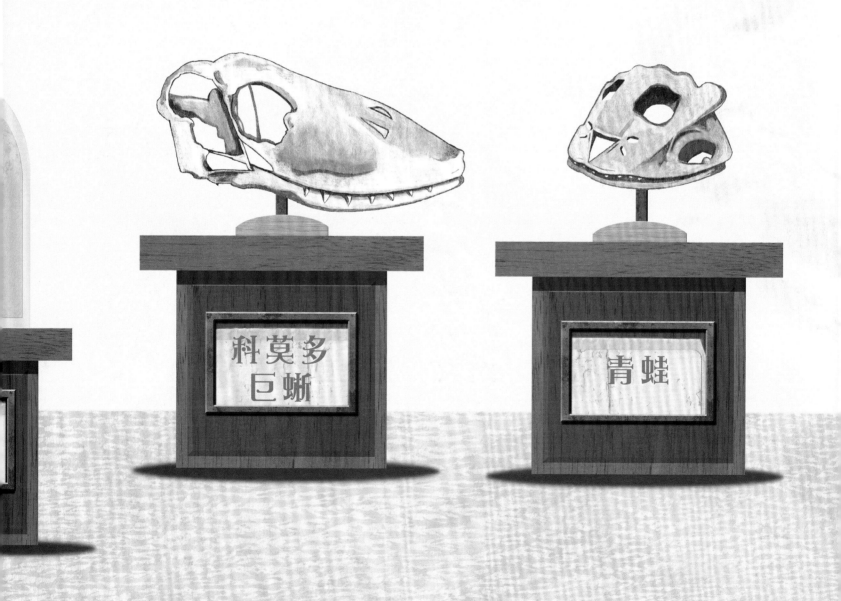

科莫多
巨蜥

青蛙

假如有些牙齿，既像是爬行动物的，又像是鱼类的，或者是两栖动物的，那么，这到底是什么动物的牙齿呢？

鲨鱼

呀！是鲨鱼！

鲨鱼长得可不漂亮，而且鲨鱼的
午餐——水母，也肯定不怎么好吃。

不过，别担心——这事儿不可能发生的！放心地享用你的三明治吧。你长的是哺乳动物的牙齿，还能嘎吱嘎吱地嚼胡萝卜和芹菜呢。

午饭吃好了吗？

接下来，请面带微笑，再看看你那奇特的牙齿吧！

更多关于哺乳动物的知识

哺乳动物和其他脊椎动物不一样，是因为它们有着不同形状和大小的牙齿，你能分辨出哪些是哺乳动物吗？

- 动物妈妈喂宝宝吃母乳吗？如果是，它就是哺乳动物。

- 身体上有毛发吗？没错，长毛发的是哺乳动物。(但海豚是个例外，不长毛发。不过，刚出生的海豚宝宝有一小撮"胡子"。"胡子"是妈妈辨认自己孩子的标记。只是它们长大后，"胡子"就消失了。)

- 耳朵有没有3块特殊的听小骨？哦，有的话，也是哺乳动物！

更多关于哺乳动物牙齿的知识

你知道大部分哺乳动物一生中要长两次牙齿——乳牙和恒牙吗？乳牙是哺乳动物长出的第一副牙齿，幼崽断母乳后，乳牙就会脱落，长出恒牙。大多数哺乳动物还未出生时，就长出了乳牙。但是有些哺乳动物，比如人类，在出生之后才长出乳牙。还有些哺乳动物，例如海豹和兔子，在出生前乳牙就已经脱落了！

恒牙是第二副牙齿，个头比乳牙要大，一旦脱落后就不会再有新的牙齿长出来了。

词汇表

虎牙：哺乳动物嘴里尖尖的牙齿。这种牙齿有时也被称作犬齿。

食肉动物：只吃肉的动物。

长牙：一种长而尖的牙。

食草动物：只吃植物的动物。

门牙：位于哺乳动物嘴巴前面、表面平整的牙齿。

哺乳动物：一种脊椎动物。身上长有毛发，胎生哺乳，耳中长有3种不同的听小骨，通常口中长有形状各异的牙齿。

乳牙：大多数哺乳动物小时候长的牙齿，个头较小。乳牙脱落后，长出恒牙。乳牙也被称作奶牙或蜕齿。

磨牙：位于哺乳动物嘴巴最里面的位置，外形宽大，齿冠上有脊状凸起。

杂食动物：既吃肉也吃植物的动物。

捕食性动物：猎食其他动物的动物。

猎物：被其他动物猎食的动物。

牙齿：在许多脊椎动物嘴里外形较小、质地坚硬、白色的器官，用来咀嚼食物，有时也有别的用途。

獠牙：哺乳动物伸出嘴巴外的非常长的牙齿，看起来凶恶可怕。

素食者：只吃素的人类。人类也是杂食动物，因为既长着能吃植物的门牙、磨牙，又有能吃肉的虎牙。

脊椎动物：有骨骼的动物，包括鱼类、两栖动物、爬行动物、哺乳动物和鸟类。

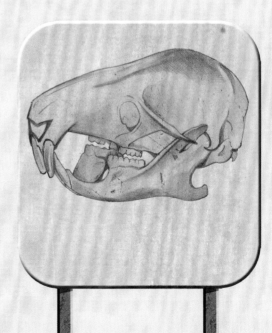

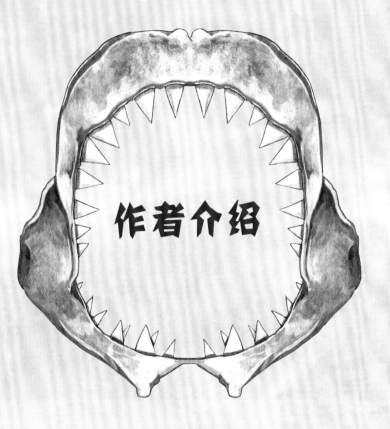

作者介绍

萨拉·莱文

　　作家、生物学教授。她还给孩子们上植物和动物课。现在居住在马萨诸塞州的剑桥，并与女儿、两只狗和一只猫为伴。这三只宠物都长着长长的虎牙，而女儿的牙齿形状和大小相似。她的作品曾入围2014最佳库克奖（库克奖是美国唯一由孩子们亲自选出获奖作品的国家级科普图画书奖项）。

T.S.斯普凯图斯

　　斯普凯图斯先生从事了很多年的插图工作。工作之余，他喜欢随意地涂涂画画，然后把手稿放在手提箱里，但他经常忘记钥匙放在哪儿。他最理想的一天就是构思、作画，偶尔也会吃点东西，休息一会，等待脑子里涌出更多的灵感。幸好他的太太很擅长找丢失的钥匙，这下斯普凯图斯先生再也不用担心打不开手提箱啦！

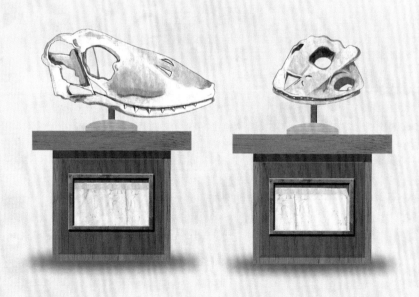

绿色印刷　保护环境　爱护健康